直升机，突击！

王懿墨　陈佳仲◎著　东千兔兔　胡佳宁◎绘

突突突……

天上传来螺旋桨旋转的声音，
突击队员犹如神兵，从天而降。

北京科学技术出版社

从竹蜻蜓到直升机

直升机诞生以来，经过了无数次试验和改进，才成功飞上蓝天。

现在，直升机已是各国军队的重要武器之一。

我们来到了陆军航空兵基地，

准备参加战场突击演习任务。

在执行任务前，让我们先了解一下直升机的历史。

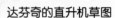

达芬奇的直升机草图

意大利的著名画家达芬奇在 15 世纪曾画过一幅直升机草图。然而，这只是天才的想象，达芬奇并没有把它造出来。

竹蜻蜓

又叫飞螺旋，是一种可以利用空气飞行的玩具，是我国古代的发明，大约在明朝时传入欧洲，被认为是直升机的雏形，一直流传至今。

原来直升机就是由小小的竹蜻蜓演变来的。

伊戈尔·西科斯基

世界著名的飞机设计师，设计制造了世界上第一架实用型直升机，被称为"直升机之父"。

VS-300 直升机

世界上第一架真正的实用型直升机，是现代直升机的鼻祖，由伊戈尔·西科斯基研制。

贝尔 47 直升机

世界上第一种获得适航证、有合法飞行资格的民用直升机，也是世界公认的最早的实用型直升机之一。

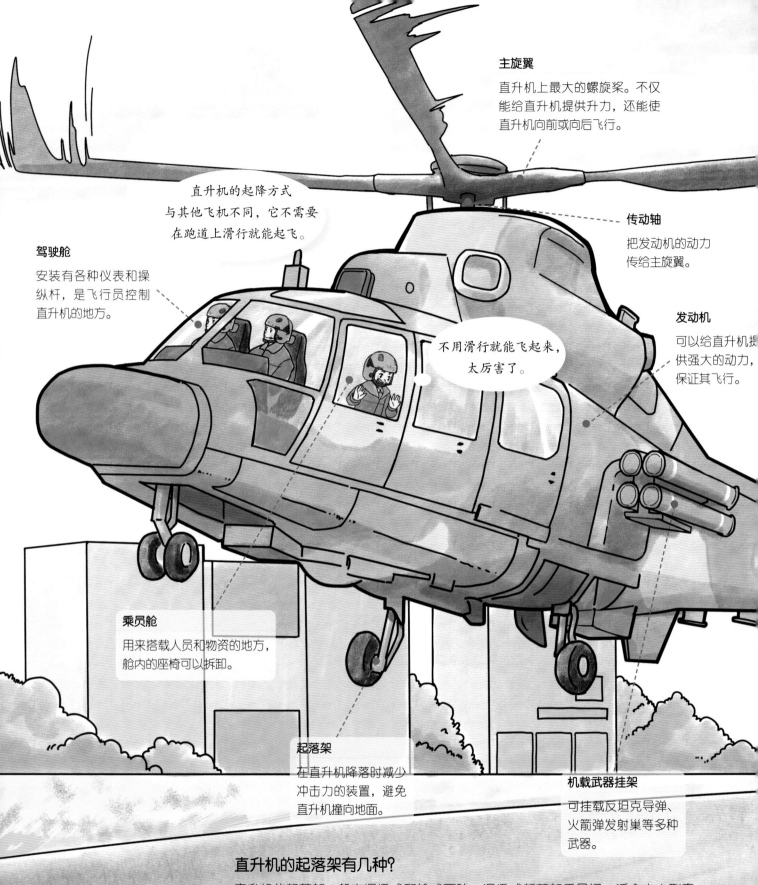

主旋翼
直升机上最大的螺旋桨。不仅能给直升机提供升力，还能使直升机向前或向后飞行。

传动轴
把发动机的动力传给主旋翼。

发动机
可以给直升机提供强大的动力，保证其飞行。

驾驶舱
安装有各种仪表和操纵杆，是飞行员控制直升机的地方。

直升机的起降方式与其他飞机不同，它不需要在跑道上滑行就能起飞。

不用滑行就能飞起来，太厉害了。

乘员舱
用来搭载人员和物资的地方，舱内的座椅可以拆卸。

起落架
在直升机降落时减少冲击力的装置，避免直升机撞向地面。

机载武器挂架
可挂载反坦克导弹、火箭弹发射巢等多种武器。

直升机的起落架有几种?

直升机的起落架一般有滑橇式和轮式两种。滑橇式起落架重量轻，适合中小型直升机使用。而轮式起落架具有更好的减震效果，适合大型或重型直升机使用。

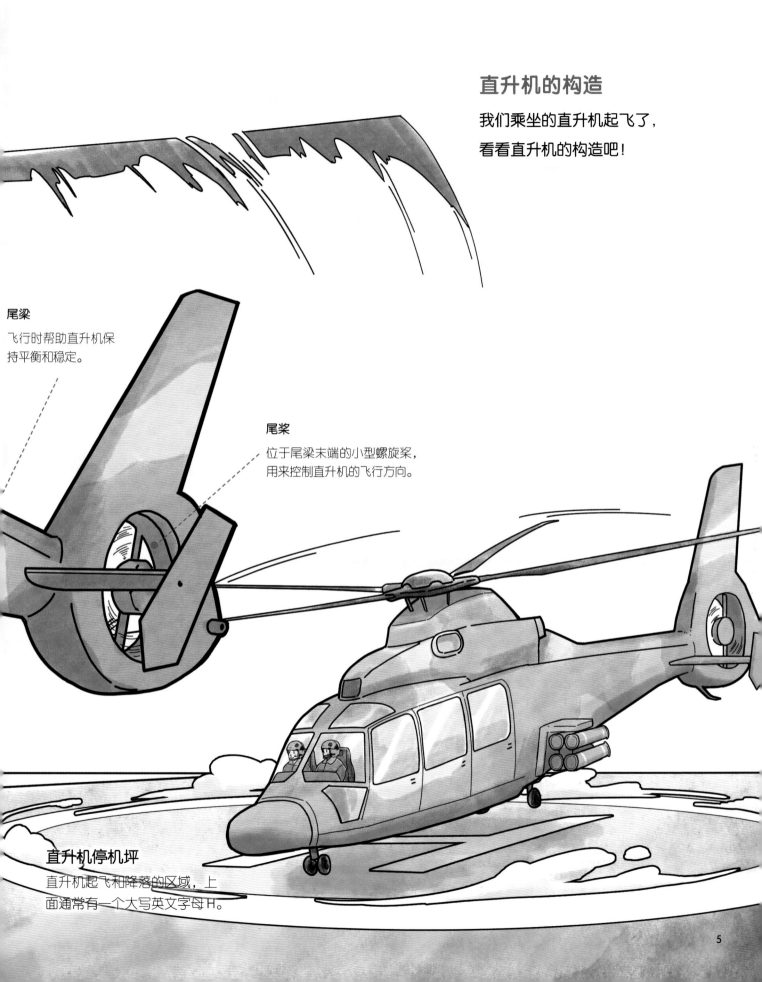

直升机的构造

我们乘坐的直升机起飞了，
看看直升机的构造吧！

尾梁
飞行时帮助直升机保
持平衡和稳定。

尾桨
位于尾梁末端的小型螺旋桨，
用来控制直升机的飞行方向。

直升机停机坪
直升机起飞和降落的区域，上
面通常有一个大写英文字母H。

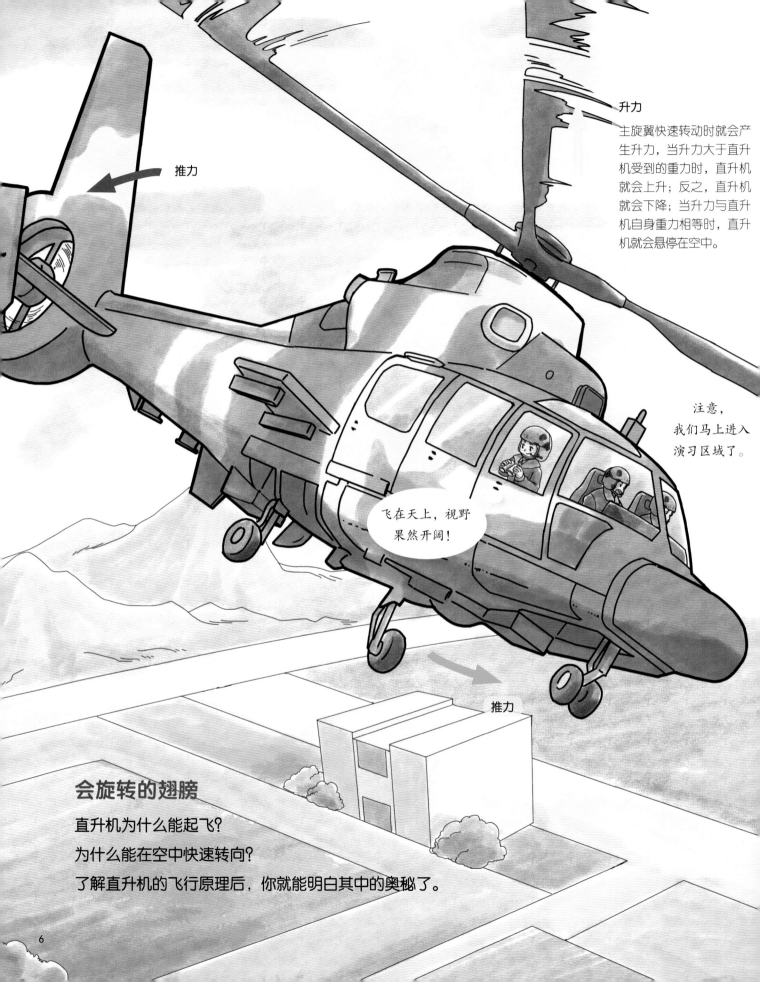

推力

升力

主旋翼快速转动时就会产生升力，当升力大于直升机受到的重力时，直升机就会上升；反之，直升机就会下降；当升力与直升机自身重力相等时，直升机就会悬停在空中。

注意，
我们马上进入
演习区域了。

飞在天上，视野
果然开阔！

推力

会旋转的翅膀

直升机为什么能起飞？

为什么能在空中快速转向？

了解直升机的飞行原理后，你就能明白其中的奥秘了。

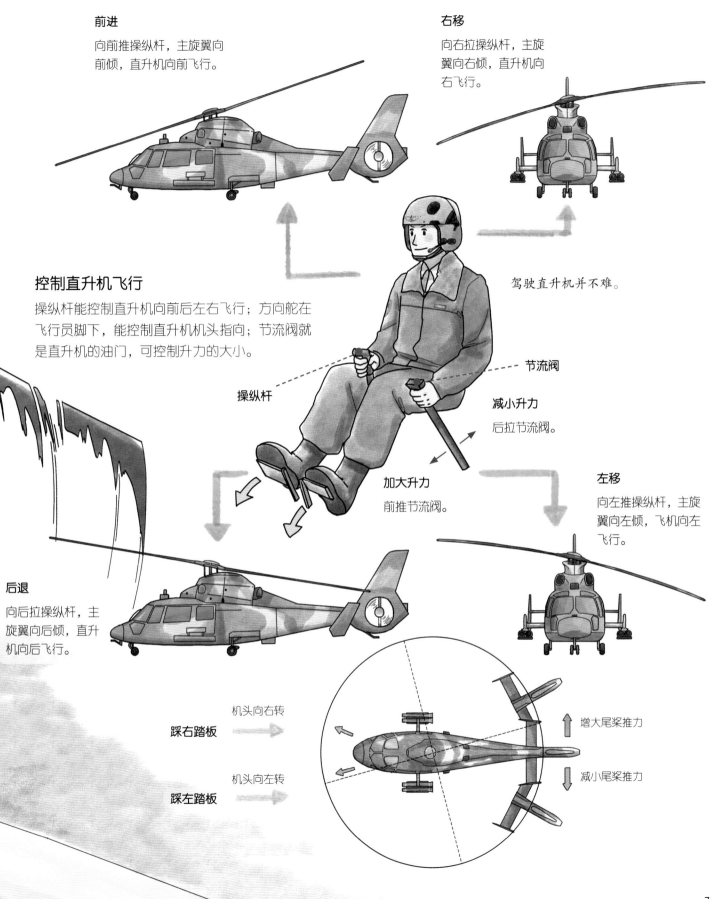

前进

向前推操纵杆，主旋翼向前倾，直升机向前飞行。

右移

向右拉操纵杆，主旋翼向右倾，直升机向右飞行。

控制直升机飞行

操纵杆能控制直升机向前后左右飞行；方向舵在飞行员脚下，能控制直升机机头指向；节流阀就是直升机的油门，可控制升力的大小。

驾驶直升机并不难。

节流阀

操纵杆

减小升力

后拉节流阀。

加大升力

前推节流阀。

左移

向左推操纵杆，主旋翼向左倾，飞机向左飞行。

后退

向后拉操纵杆，主旋翼向后倾，直升机向后飞行。

机头向右转

踩右踏板

机头向左转

踩左踏板

增大尾桨推力

减小尾桨推力

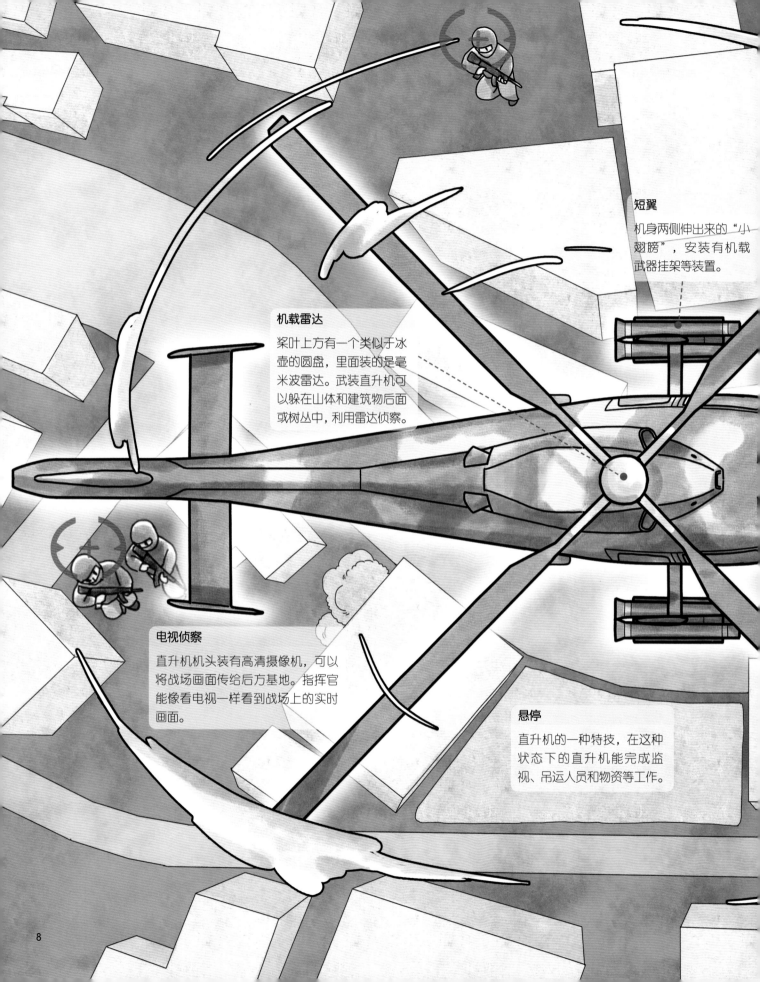

短翼

机身两侧伸出来的"小翅膀",安装有机载武器挂架等装置。

机载雷达

桨叶上方有一个类似于冰壶的圆盘,里面装的是毫米波雷达。武装直升机可以躲在山体和建筑物后面或树丛中,利用雷达侦察。

电视侦察

直升机机头装有高清摄像机,可以将战场画面传给后方基地。指挥官能像看电视一样看到战场上的实时画面。

悬停

直升机的一种特技,在这种状态下的直升机能完成监视、吊运人员和物资等工作。

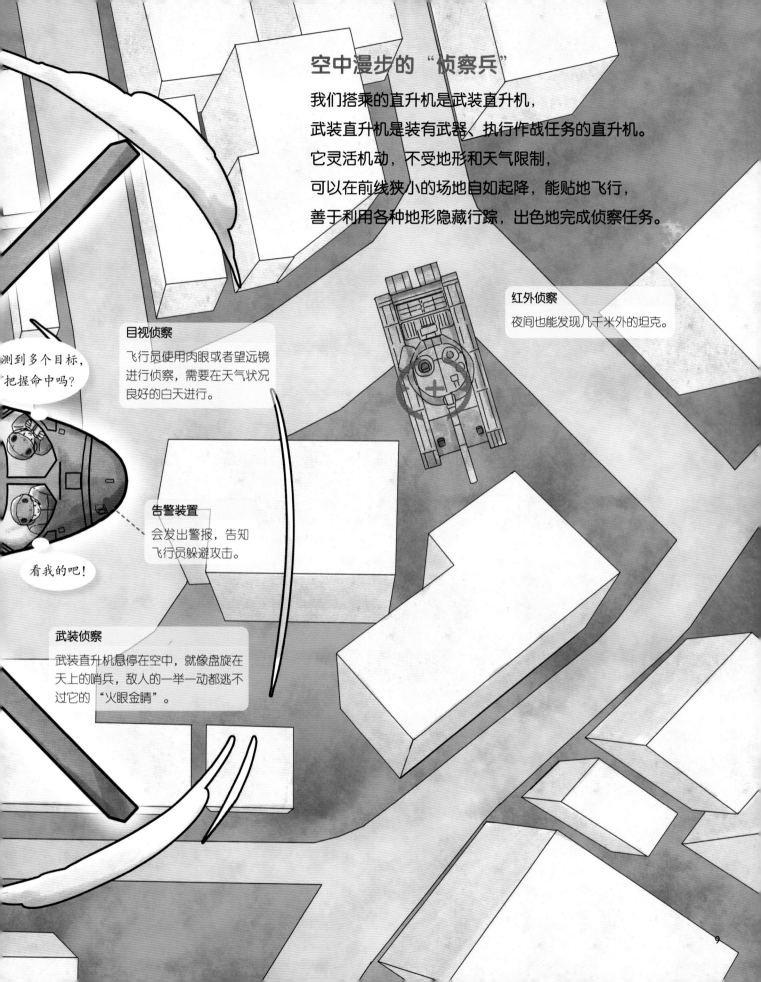

空中漫步的"侦察兵"

我们搭乘的直升机是武装直升机，
武装直升机是装有武器、执行作战任务的直升机。
它灵活机动，不受地形和天气限制，
可以在前线狭小的场地自如起降，能贴地飞行，
善于利用各种地形隐藏行踪，出色地完成侦察任务。

红外侦察

夜间也能发现几千米外的坦克。

目视侦察

飞行员使用肉眼或者望远镜
进行侦察，需要在天气状况
良好的白天进行。

测到多个目标，
把握命中吗？

告警装置

会发出警报，告知
飞行员躲避攻击。

看我的吧！

武装侦察

武装直升机悬停在空中，就像盘旋在
天上的哨兵，敌人的一举一动都逃不
过它的"火眼金睛"。

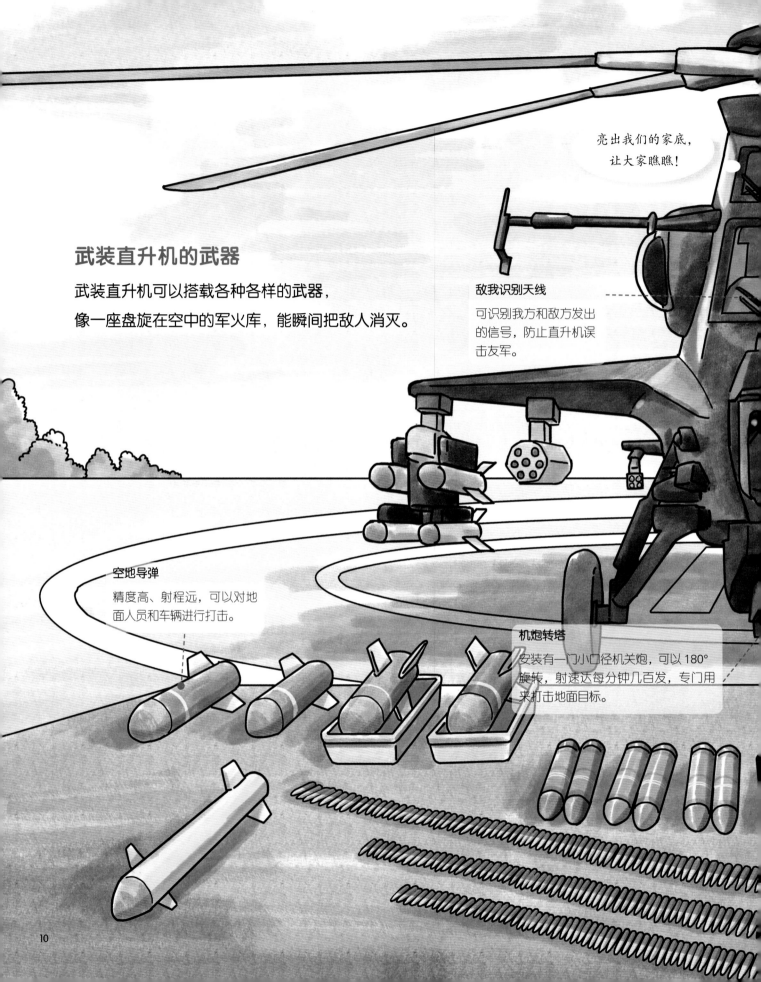

亮出我们的家底，
让大家瞧瞧！

武装直升机的武器

武装直升机可以搭载各种各样的武器，
像一座盘旋在空中的军火库，能瞬间把敌人消灭。

敌我识别天线

可识别我方和敌方发出
的信号，防止直升机误
击友军。

空地导弹

精度高、射程远，可以对地
面人员和车辆进行打击。

机炮转塔

安装有一门小口径机关炮，可以180°
旋转，射速达每分钟几百发，专门用
来打击地面目标。

武器控制员

负责搜索、攻击敌方目标，
是驾驶员的副手。

驾驶员

负责操控直升机。

直升机装甲

安装在直升机的重要位
置，可抵御小口径高射
炮的攻击。

驾驶舱布局

直升机驾驶舱有并列布局和串联布局两种。并
列布局是两名飞行员并排坐，方便作战时交流。
串联布局是两名飞行员一前一后坐，后面的武
器控制员视野更好，更容易瞄准敌方目标。如
果驾驶员受伤后不能驾驶时，武器控制员也能
操纵直升机。

光电转塔

用于侦察敌情，并引导
武器进行攻击。

空射反坦克导弹

能攻击在几千米外的坦克，
是名副其实的"坦克杀手"。

火箭弹发射巢

两侧共装有十几枚火箭弹，能同时发射，
瞬间把类似一个足球场大小的区域变成
一片火海。

空空导弹

专门和敌方直升机进行空
战的导弹，一般情况下和
战斗机使用相同的导弹。

这里海拔太高，
升力明显下降，稳住！

为什么一般的直升机在高原上很难飞行？

高原上寒冷、缺氧的环境使直升机发动机的动力下降，所以一般的直升机无法悬停，也难以飞越较高的山。此外，高原上地形崎岖，直升机很难随时随地补充燃料。

能飞上高原的"全能选手"

在高海拔的地方，一般的武装直升机无法正常飞行，此时性能出色的通用直升机就派上了用场。

空投物资来得
太及时了！

空投补给

通用直升机可以灵活、高效地将补给物资及时从空中投放给前线部队。

通用直升机

通用直升机能运输人员和物资，在必要时也能挂载空地导弹、火箭弹。改装成武装直升机，还可以加装其他设备，变为救护直升机或预警直升机。

通用直升机强大的动力让我们在高原上也能自由飞行。

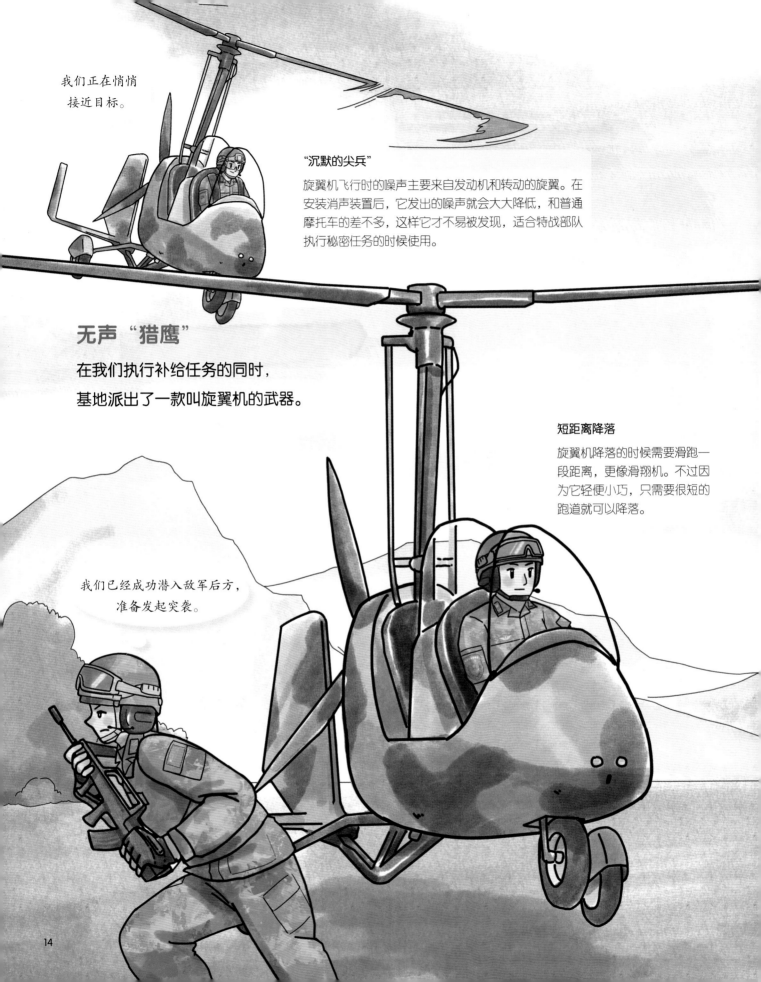

我们正在悄悄
接近目标。

"沉默的尖兵"

旋翼机飞行时的噪声主要来自发动机和转动的旋翼。在安装消声装置后，它发出的噪声就会大大降低，和普通摩托车的差不多，这样它才不易被发现，适合特战部队执行秘密任务的时候使用。

无声 "猎鹰"

在我们执行补给任务的同时，
基地派出了一款叫旋翼机的武器。

短距离降落

旋翼机降落的时候需要滑跑一段距离，更像滑翔机。不过因为它轻便小巧，只需要很短的跑道就可以降落。

我们已经成功潜入敌军后方，
准备发起突袭。

"猎鹰"亮相

2019 年，在国庆 70 周年阅兵式上，空中突击旋翼机"猎鹰"首次随受阅的特战装备方队亮相。

旋翼机

旋翼机大多以尾桨提供前进动力，依靠尾舵控制方向。它的旋翼没有动力装置，仅依靠前进时形成的气流吹动旋翼自转以产生升力。

战场上的"专车"

前方传来一阵轰鸣声。我们的大部队搭乘运输直升机来了。

幸亏有了这款直升机我们才能有充足的时间准备总攻。

运输直升机不受地形限制，随叫随到，还能加装各种装置以执行多种特殊任务。

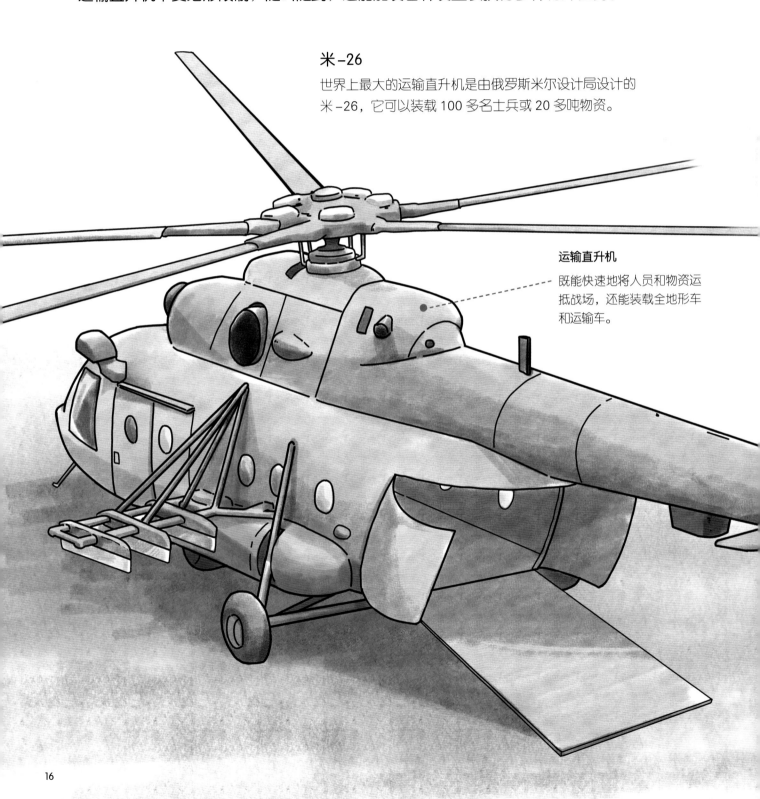

米–26
世界上最大的运输直升机是由俄罗斯米尔设计局设计的米–26，它可以装载 100 多名士兵或 20 多吨物资。

运输直升机
既能快速地将人员和物资运抵战场，还能装载全地形车和运输车。

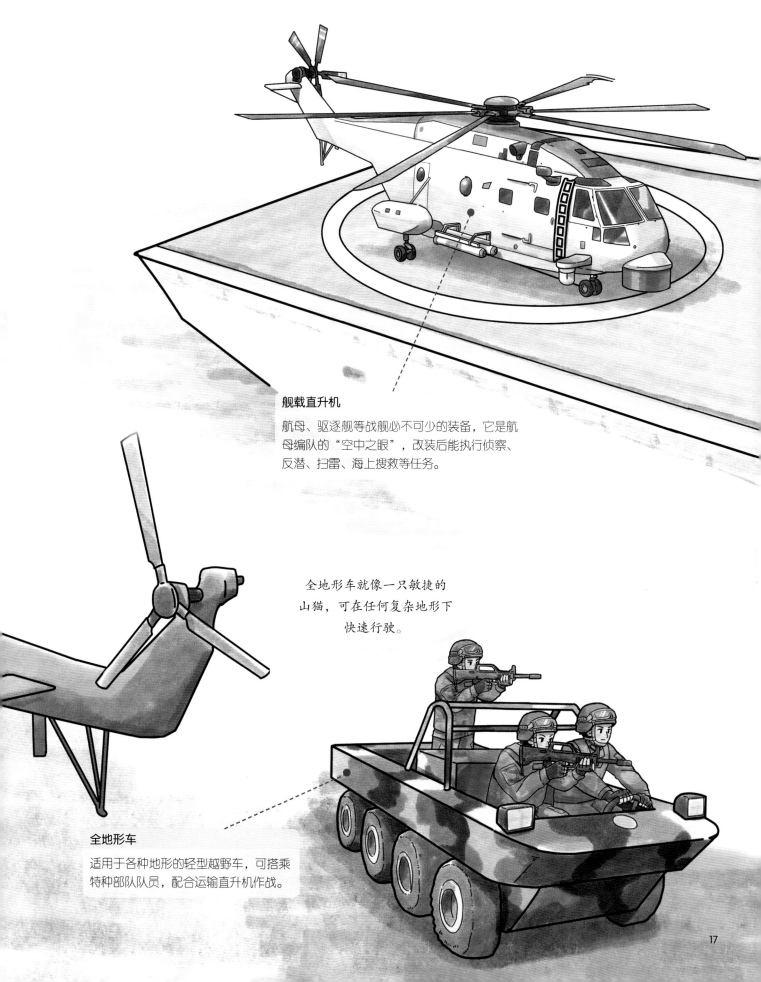

舰载直升机

航母、驱逐舰等战舰必不可少的装备，它是航母编队的"空中之眼"，改装后能执行侦察、反潜、扫雷、海上搜救等任务。

全地形车就像一只敏捷的
山猫，可在任何复杂地形下
快速行驶。

全地形车

适用于各种地形的轻型越野车，可搭乘特种部队队员，配合运输直升机作战。

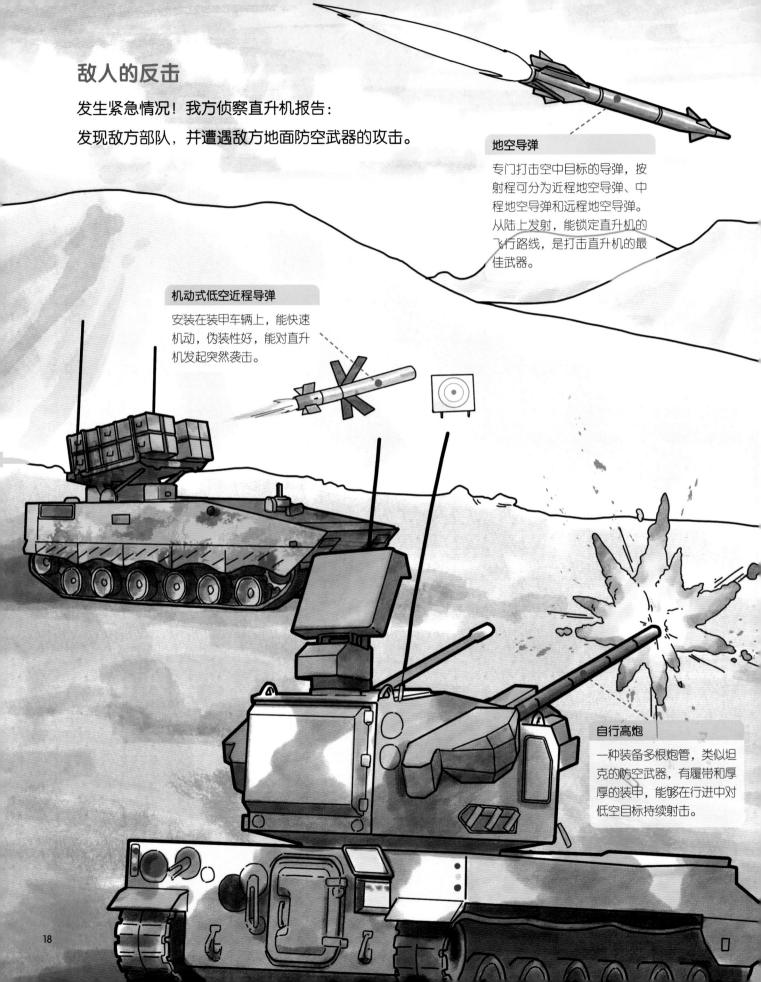

敌人的反击

发生紧急情况！我方侦察直升机报告：
发现敌方部队，并遭遇敌方地面防空武器的攻击。

地空导弹

专门打击空中目标的导弹，按
射程可分为近程地空导弹、中
程地空导弹和远程地空导弹。
从陆上发射，能锁定直升机的
飞行路线，是打击直升机的最
佳武器。

机动式低空近程导弹

安装在装甲车辆上，能快速
机动，伪装性好，能对直升
机发起突然袭击。

自行高炮

一种装备多根炮管，类似坦
克的防空武器，有履带和厚
厚的装甲，能够在行进中对
低空目标持续射击。

空雷

对付直升机或其他低空飞行器的一种武器。它通常涂成蓝色，与蓝天颜色相近，或者隐藏在云雾之中，使敌机不易发现。

布下天罗地网

为防止敌人出动空中部队偷袭，
我们的通用直升机开始布雷。
它的两侧安装布雷发射器，可以布设地雷和空雷。
布雷时，通用直升机飞得很低、很慢，地雷被抛出后会散落在地上，
空雷则飘在空中。这就像布下了天罗地网，让敌人无法前进。

第一款反直升机地雷

世界上第一款反直升机地雷是苏联在冷战时期研制的速度 −20，爆炸时能发射出飞行速度达每秒 1000 多米的弹丸。

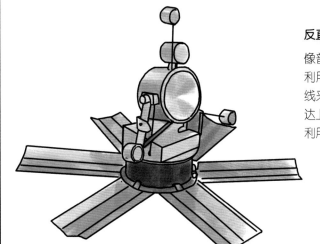

反直升机地雷

像普通地雷一样安装在地面，利用直升机发出的噪声和红外线来探测目标。探测到目标到达上空时，地雷会被自动引爆，利用爆炸的碎片来击落敌机。

不会的，反直升机地雷是通过传感器来引爆的，踩到它不会引发爆炸。

人或者动物踩到反直升机地雷可太危险啦！

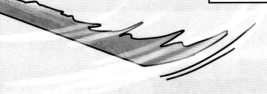

战场急救

前线传来战报，激烈的战斗中我方多名战士负伤了，
基地立刻派出搜救直升机和救护直升机前去营救，
建立一条"空中的生命通道"。

救护直升机

装备有急救设施和担架等救护装备，
还载有专业医护人员，一次性可容纳
多名伤员。机身上有醒目的红十字标
志，被称为"空中救护车"。

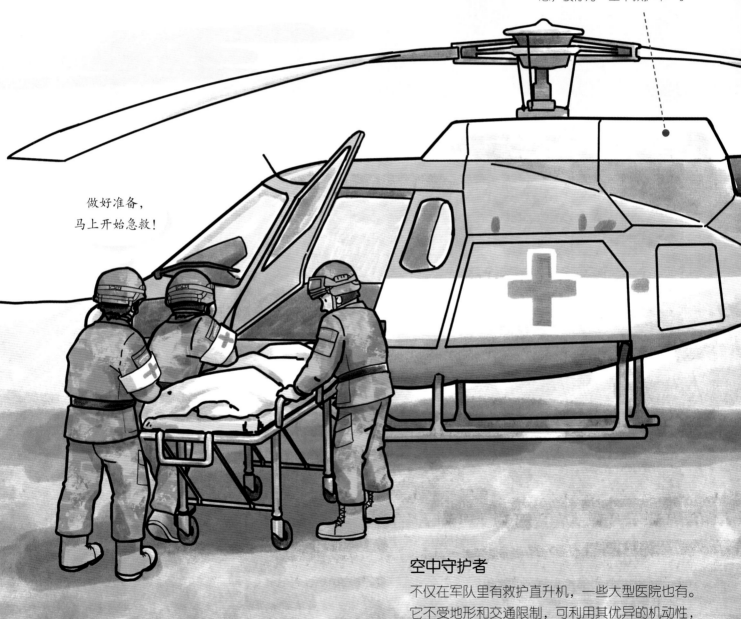

做好准备，
马上开始急救！

空中守护者

不仅在军队里有救护直升机，一些大型医院也有。
它不受地形和交通限制，可利用其优异的机动性，
快速抵达救援现场。

已搜索到伤员，
开始救助！

搜救直升机

配备探测装置、探照灯和吊索，
可以在复杂环境下搜索被困人员。

直升机的搜救功能

搜救直升机能快速到达船或汽车到不了的地方，承担搜索救援、
物资运送、空中指挥等工作，是普遍采用的最有效的应急救援
装备。在 2008 年汶川地震中，搜救直升机源源不断地把应急
物资送往灾区，开辟了一条"空中生命通道"。

你已经安全了，
救护直升机会把你
送回基地。

医护兵

战场上负责救助伤员，
也配备武器，随时可以
上阵杀敌。

战场突击，天降神兵！

一发信号弹在天空中划过，最后的总攻开始了。

大批突击队员从天而降，多辆步战车也从运输直升机机舱开了出来。

霎那间，枪声四起，山谷中飘来浓浓的硝烟。

总攻开始了，
跟上我！

特种兵

执行特殊任务的战士，个个身经百战，携带各种先进武器。单兵作战能力极强，能在各种恶劣条件下完成作战任务。

陆航突击队

利用突击运输直升机，像闪电一样从超低空进入战场，对敌人发起出其不意的进攻。

飞翼铁骑

我们要派出更多的空中力量对敌军进行压制，
基地中的武装直升机依次飞向演习场，是谁在操控它们？

直升机越早升空，取得战斗胜利的希望就越大。

直升机的保障工作

每次执行任务前，地勤人员都会给直升机做一次
大检修，检查发动机、雷达等关键装置，还得及
时排除故障，挂载武器。

陆军航空兵

陆军航空兵是重要的机动突击力量，
他们的主要作战装备是武装直升机、运输直升机等。
他们负责在战场上打击坦克等地面目标，执行后勤运输、搜索救援、
医疗转运等任务，并配合其他军种作战。

手电筒

方便飞行员在光线较暗的情况下检查直升机和查看航路图。

太阳镜

可遮挡阳光，防止光线对飞行员的眼睛造成伤害。

头盔

可以保护飞行员的头部。装备了瞄准系统，以帮助机炮和导弹进行瞄准。

耳机

和话筒一起装在头盔上，方便与其他飞行员交流，并接收地面指令。

飞行记录簿

记录每一次飞行的任务内容、时间、地点、机型编号、路线等，方便飞行员随时查看。

飞行包

装有飞行员的个人物品和计时器、计算机等物品。

手持航空卫星定位器

不仅能为飞行员导航，还能提供地形和天气等信息。

手持无线电对讲机

在紧急情况下能联系外界的重要设备。

膝上图夹

能展开成一个小型办公桌，平时绑在飞行员的右大腿上。

侦察直升机

直升机里的"侦察兵"，安装了各种观测和侦查设备，可以抵近战场搜集情报。

轮式步战车

安装有突击炮和大口径机枪的战车，负责运载士兵，还可以在战场上提供火力支援。

狙击步枪

一种装有光学瞄准镜、射程很远的步枪，可以对重要目标进行精准射击。

狙击小组

狙击小组一般由狙击手和观察手组成。狙击手负责射击，观察手负责寻找目标和提供战场信息。

发现敌军坦克，看我用火箭筒搞定它。

单兵火箭筒

一个人就能使用的反坦克武器，还能对武装人员和其他装甲车辆进行打击。

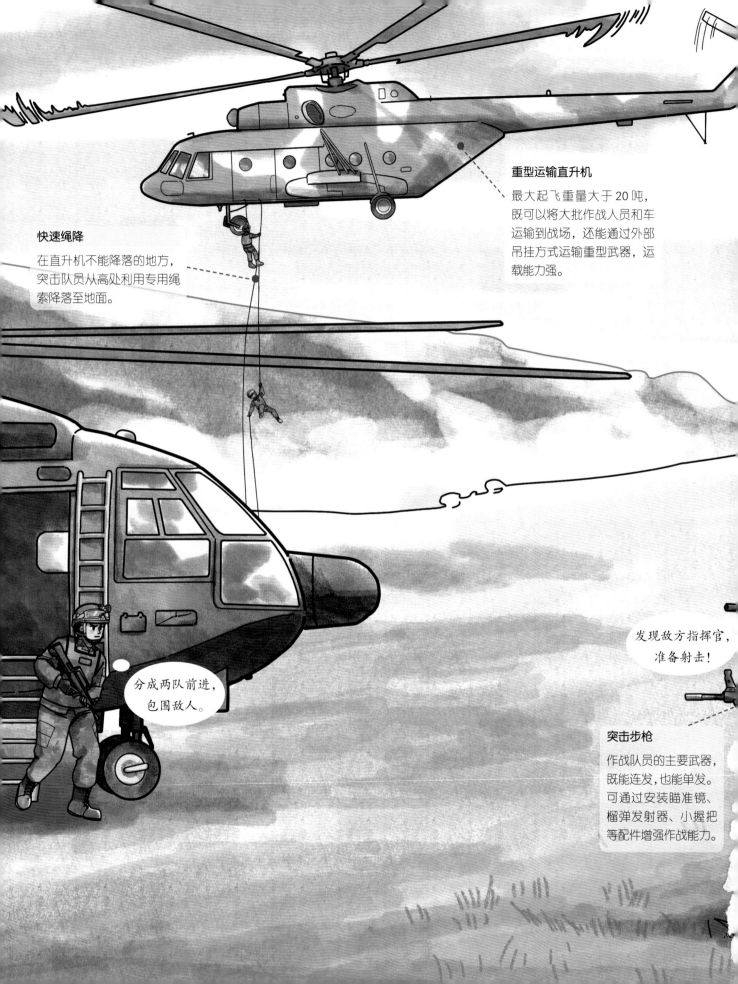

重型运输直升机

最大起飞重量大于 20 吨，
既可以将大批作战人员和车
运输到战场，还能通过外部
吊挂方式运输重型武器，运
载能力强。

快速绳降

在直升机不能降落的地方，
突击队员从高处利用专用绳
索降落至地面。

发现敌方指挥官，
准备射击！

分成两队前进，
包围敌人。

突击步枪

作战队员的主要武器，
既能连发，也能单发。
可通过安装瞄准镜、
榴弹发射器、小握把
等配件增强作战能力。

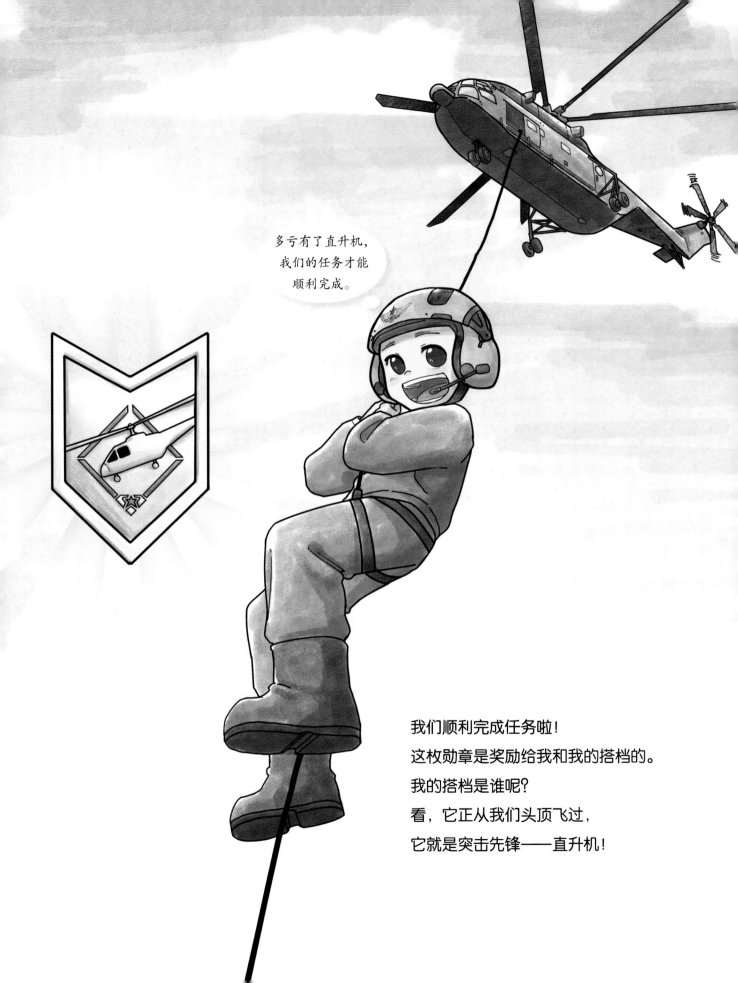

一直以来总有人问：当今世界，一个国家有了海军，有了空军，陆军还重要吗？

我可以肯定地回答：陆军非常重要，它始终是维护国家主权、安全、发展利益和领土完整的核心力量。

小朋友们也许知道，陆军是很早就诞生的一个军种。一个国家没有强大的陆军，就没有强大的国防。不管人类历史如何发展，形势如何变换，陆军始终是维护国家安全的核心力量。尤其是对于像我国这样拥有漫长陆地边境线的国家，一支强大的陆军绝对不可或缺；也只有在实力强大的陆军的守护下，敌人才不敢轻易侵犯我国领土。近年来，随着科学技术发展，陆军新型作战装备不断涌现，这让陆军在战场上的作战方式也焕然一新。那么，我国的陆军现在是什么样的呢？不妨让我们一起看看"陆军科普绘本"吧。

这套绘本主要介绍了六种核心武器，第一种是有"陆战之王"美名的坦克，它是现代陆上作战的主要武器之一，也是陆军最具代表性的主战武器。第二种是陆军的"翅膀"——直升机，它是在空中对敌人发动突击的重要装备。第三种是导弹，它是我国的战略核力量，是我国大国地位的战略支撑，是维护国家安全的重要基石。第四种是军用车辆，无论是在战火纷飞的前线，还是在后勤补给的生命线上，都有它的身影。第五种是枪械，它被称为士兵的"第二生命"，战士只要拿起钢枪，军人的责任感就会油然而生，热血澎湃。第六种是火炮，它虽然古老，但即使在今天的现代战争中，它依旧是陆军的重要装备。

这套绘本以小朋友们能理解的语言和精美绘图，详细讲解了这些武器的内部构造、工作原理、作战方式等专业知识，能让小朋友们近距离接触我军的新式装备，了解装备原理，满足他们的好奇心和求知欲，培养他们的科学探索精神。

小朋友们在阅读这套绘本时还可以与书中的人物进行互动，从而深入了解官兵们不为外界所知的训练、工作和生活，比如突击队员怎样从直升机上快速降落到地面，坦克兵在野外执行任务时吃什么，陆军航空兵除了会驾驶直升机还要掌握什么技能……通过这套绘本，小朋友们还可以了解军人的职责，了解军人的日常生活，从而对军人这一职业产生向往。

　　通过阅读这套绘本，孩子们能够了解近年来陆军新式武器和战争新形态等国防知识，还能够将多学科知识融合在一起，综合提升科学文化素养。现在的孩子们生活在和平年代，缺少了勇敢顽强的精神和阳刚之气。希望这套绘本让更多的孩子从中受益，拓宽国际视野，与时俱进，从小树立新时代的国防观，增进对军人这一神圣职业的了解，萌生爱国情怀，唤醒心中的英雄梦。

著名军事专家
中国人民解放军战略支援部队航天工程大学原副校长
陆军少将　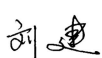